職人成長筆記

只有取捨 ╳ 沒有平衡

人生

千萬講師、行動力先行者　謝文憲 ——— 著

魏美棻 ——— 圖解

五十歲的生日禮物

我感覺一直有個方向在指引我前進，無論是事業、興趣、交友、家庭、甚至健康。

前進的道路上，遇見許多荊棘、阻礙，我不敢說我關關難過關關過，但總是一步一腳印、如履薄冰地前進，艱難而危險，興奮而刺激。

去年終結了辛苦建立的講師事業、今年終結了夢想廣播里程，我有自己的盤算，更有自己的想法，「不隨別人的音樂隨意起舞，用自己的腳步大步向前」。

危險，也安全。

我的決策邏輯一時也說不清楚，全寫在《人生沒有平衡，只有取捨》這本書上了，我的第八本紙本書，五十歲的紀念禮物。

迎向2018年五十歲的生日，沒有什麼比這本書，更適合紀念辛勤的自己了，也希望大家喜歡。

我不想走別人走過的路，五十歲的自己，一個全新的自己：新房、新車、新電腦、新手機、新生活，選擇全新的自己，就是選擇一種全新的生活方式。

「人生沒有平衡，只有取捨」，謝謝一路上支持我的好朋友、讀者、聽眾、學員、家人，以及每一位閱讀憲哥著作的您。

唯一該留戀的日子

　　年輕朋友的夢想：創業、環遊世界、成為網紅、出唱片、年薪xxx萬……，在我成為講師之前，只有「當廣播節目主持人」這個夢想。

　　六〇年代跟著阿公暑假凌晨起床聽三級棒球轉播，來自威廉波特、勞德岱堡、蓋瑞城的聲音，透過收音機傳進幾千里遠的台灣人耳中，神祕且驚喜。

　　中學時期，聽民歌、林慧萍、金瑞瑤、西洋歌曲、相聲、司馬中原、倪蓓蓓、李文媛……，那是青澀的成長歲月。大學聯考國文考差了，大傳、新聞、廣電這類科系沒有一個可以填。

　　我沒有忘記夢想，直到大四進入漢聲電台，認識陸正誼小姐，跟前輩一起製作週六下午的「當我們同在一起」節目。

　　2003年接受ic之音專訪，認識任樂倫，2009年跟他一起主持每週一上午10:00-11:00的「憲哥講堂」節目，2013年初受到郭蘭玉副總賞識與牽線，主持環宇電台的「憲上充電站」節目，主持了五年共計253集，這是很難忘懷的人生經驗。

　　要親手終結自己的夢想，這不是一個很容易的決定，我想了三個月，理由很複雜，也很難說明白，簡單來說，就是「我太忙了」。

　　廣播在我的人生地圖中，是一個有趣、服務、奉獻的工作，我非常喜歡這種感覺，不過內心天天糾葛的是：「好似可以輕鬆主持，不費吹灰之力，卻又不見進步，討厭自己的懈怠」。

　　我不喜歡受他人支配，所有的來賓我都親自邀約，我想訪問我有感覺的人，我想討論我有興趣的話題，這一點，環宇非常包容我的執著，尤其是我的製作人，非常支持我，從沒干涉我的節目型態，給我百分之百的自由空間，這樣電台去哪裡找？

　　我非常喜歡環宇電台，還有前三十集的來賓，忍受我的菜。

　　我跟總經理遞出辭呈的時候，心裡面是愧疚與抱歉，但我也要繼續走下去，我的人生，希望自己作主。

　　我沒有別的廣播主持邀約，我希望專注做好影音節目，我對影音節目非常有興趣，相信一定會做得很好，我有把握，而且超過40%。

　　大家都在做的，我不會想要做，人多的地方不要去，越是不看好，越有挑戰的空間，當時有誰料到我會無料主持廣播五年？如今階段性任務告一段落，我希望交棒給年輕人，更有理想、創意的年輕人。

　　沒有什麼好留戀的，「人生唯一該留戀的只有今天」。

　　「人生沒有平衡，只有取捨」，我將繼續捨去階段性任務已經達成的人生拼圖。

憲哥的職人成長之路（回顧）

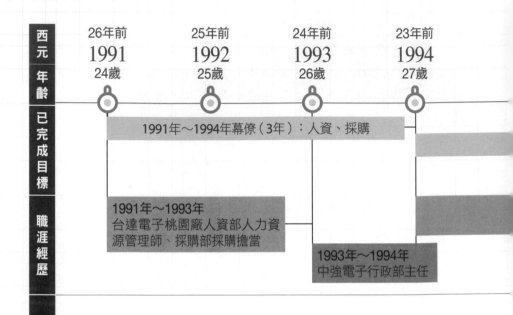

西元 年齡	26年前 **1991** 24歲	25年前 **1992** 25歲	24年前 **1993** 26歲	23年前 **1994** 27歲
已完成目標		1991年～1994年幕僚（3年）：人資、採購		
職涯經歷		1991年～1993年 台達電子桃園廠人資部人力資源管理師、採購部採購擔當	1993年～1994年 中強電子行政部主任	
重要事件				
關鍵思考	新鮮人求職	朋友都做業務工作，我轉換到採購工作	受到主管職位與加薪的吸引	體會到一輩子做幕僚工作，跟我的志趣與性向不符，決心挑戰高薪，放棄幕僚工作

22年前	21年前	20年前	19年前	18年前
1995	**1996**	**1997**	**1998**	**1999**
28歲	29歲	30歲	31歲	32歲

1994年～2006年業務（12年）：前線業務、業務主管

1994年～1999年
信義房屋新生店不動產經紀人，新竹北大店、桃園中正店、中壢店店長

1999年～2000年
華信銀行MMA專案
行銷組襄理

 第24屆
信義君子

 第2屆
全國金仲
獎

 房屋推銷
王大公開
（合集）

業務工作第一段成果展現，晉升主任

調任家鄉桃竹區

轉戰桃園

轉戰中壢

921地震、孩子出生，家庭與工作的取捨，我選擇相對穩定的業務工作：銀行

憲哥的職人成長之路（回顧）

	17年前 **2000** 33歲	16年前 **2001** 34歲	15年前 **2002** 35歲	14年前 **2003** 36歲
西元 **年齡**	◉	◉	◉	◉
已完成目標	1994年〜2006年業務（12年）：前線業務、業務主管			
職涯經歷	2000年〜2006年 台灣安捷倫科技服務銷售部專案經理			
重要事件		🏆 安捷倫科技亞洲區服務品質白金獎		
關鍵思考	🧠 高薪與外商令人嚮往	增進英語聽說讀寫能力	購屋	目標屢屢超越

13年前 2004 37歲	12年前 2005 38歲	11年前 2006 39歲	10年前 2007 40歲	9年前 2008 41歲

2006年～迄今創業（11年）：講師／作家／主持人

2006年～迄今
陸易仕國際顧問總經理

 安捷倫科技全球總裁獎

 時間管理、樂在工作、簡報技巧有聲書

總裁獎	培養第二專長：授課	母親前一年的辭世對我影響甚鉅，而亞洲區工作爭取未果，不甘人生僅於此，加上盟亞釋出善意，決心跳脫舒適圈，走向創業與自由的人生	與盟亞簽下三年專任合約	40歲出書未果，沉潛再出發

憲哥的職人成長之路（回顧）

西元	8年前 2009	7年前 2010	6年前 2011	5年前 2012	4年前 2013
年齡	42歲	43歲	44歲	45歲	46歲
已完成目標	2006年～迄今創業（11年）：講師／作家／主持人				
	2006年～迄今 陸易仕國際顧問總經理				
職涯經歷					
重要事件			📘 行動的力量、說出影響力	📘 故事的力量有聲書、千萬講師的百萬簡報DVD、教出好幫手 / 🏆 武陵高中傑出校友獎 📘 人生最重要的小事	
關鍵思考	三年合約任滿終止，朝自我品牌前進 / 亞盟專任	報考研究所	出版兩本書	出版一本書，研究所畢業	授課市場轉折，減少授課量，大幅提升客單價，出版第四本書 🧠 遇見合夥人王永福對我影響甚鉅，他的事業經營觀念彌補我的缺陷

3年前	前年	去年	今年
2014	**2015**	**2016**	**2017**
47歲	48歲	49歲	50歲

2013年～迄今
商業周刊專欄作家、環宇電台憲上充電站主持人

2015年～迄今
憲福育創共同創辦人、夢想38餐廳共同創辦人、遠見華人精英論壇專欄作家

2016年～迄今 憲上數位科技共同創辦人

 職場最重要的小事

 新街國小傑出校友獎

🏆 中原大學企管系傑出系友獎

📕 千萬講師的50堂說話課（與王永福合著）、人生準備40%就衝了、人生沒有平衡，只有取捨

🗣 羅技spotlight簡報遙控器、台灣大哥大 my book 樂讀隨我、房地產：龍騰富御、茶裏王（影音合作）代言

授課市場最高峰，為第三事業布局，出版第五本書

成立訓練品牌：憲福育創

成立影音品牌：憲上數位科技

🧠 遇見合夥人許景泰，他年輕富有創意的事業經營思維，補足我的缺口

朝影音與代言事業積極布局，出版第六、七、八本書

實作圖

我的職人成長之路（回顧）

	9年前	8年前	7年前	6年前	5年前	
西元						
年齡						
已完成目標						
職涯經歷						
重要事件						
關鍵思考						

4年前	3年前	2年前	1年前	今年

實作圖

我的職人發展之路（展望）

	第1年	第2年	第3年	第4年	第5年
西元					
年齡					
想要達成的目標					
條件資格					
準備					

第6年	第7年	第8年	第9年	第10年

範例圖

我的五年職人計畫（A先生）

A先生，30歲，居住新北市，任職於科技製造產業，研發部門工程師。
熱愛戶外運動尤其是自行車，假日喜歡跟著車隊一起跑遍各山區。

	預定達成的目標	
	5年內	4年內
西元	2022	2021
儲蓄	存款達到100萬	存30萬
收入	年收入：超過100萬	
收入	月收入：7.5萬	月薪6.5萬
事業	升上研發部經理（副理）	
事業	歐洲駐點技術支援1年	
事業	提升簡報能力	擁有說服影響力
事業	集團內技術發表	
學習	研發產品拿到專利	
資產	動產：存款、股票	
資產	不動產：三房一廳	買房
生活要事	生孩子	
其他	每年度假一～兩次	儲備旅遊基金

要做到的準備

3年內	2年內	1年內
2020	2019	2018
存40萬	存25萬	存10萬
	派外機會	升等為資深工程師
月薪5.5萬＋派外津貼3.5萬	月薪5.5萬	月薪4.8萬
	升上資深工程師	
	進修法文	
把握上台機會		訓練表達簡報技巧
	英文簡報流利	進修商業英文
	專利說明書撰寫	參加專利研討會
結婚		
儲備旅遊基金	儲備旅遊基金	儲備旅遊基金

實作圖

我的五年職人計畫

	預定達成的目標		
	5年內	4年內	
西元			
儲蓄			
收入			
事業			
學習			
資產			
生活要事			
其他			

要做到的準備

3年內	2年內	1年內

範例圖

我的2018年職人計畫（A先生）

	預定達成的目標	要做到的準備
	1年內	6個月內
西元	2018	
儲蓄	存10萬	月存7000元＋年中紅利3-5萬
收入	月薪4.8萬	升等簡報設計演練
事業	升等為資深工程師	
事業	訓練表達簡報技巧	
	進修商業英文	將研討會所學用英文簡報做分享
學習	參加專利研討會	
資產		
生活要事		
其他	儲備旅遊基金	月存4000元

3個月內	1個月內	可能的阻礙
月存7000元	月存7000元	
升等資料準備		
		沒有被主管列在升等名單裡
參加憲哥「說出影響力」課程		搶不到訓練名額
	參加英文課程	加班、出差導致無法去上課
工研院專利產出研討會		
月存4000元	月存4000元	

實作圖　　　　我的　　　年職人計畫

	預定達成的目標	要做到的準備
西元		
儲蓄		
收入		
事業		
學習		
資產		
生活要事		
其他		

		可能的阻礙

範例圖

我的2018年目標確認執行方案（A先生）

	可能的阻礙	我可以怎麼解決
儲蓄		
收入		
事業	沒有被主管列在升等「資深工程師」名單裡	多參與公司相關活動，讓主管的主管看到你，例如尾牙、春酒
學習	搶不到「說出影響力」訓練名額 加班、出差導致無法去上英文課	① 親自拜訪HR該課程承辦，告知他課程對我的幫助與重要性，請他為我保留一個名額 ② 和同事約定除出差因素外，英文課因加班而缺席，隔日就請部門所有同事喝飲料
資產		
生活要事		
其他		

我的　　　年目標確認執行方案

	可能的阻礙	我可以怎麼解決
儲蓄		
收入		
事業		
學習		
資產		
生活要事		
其他		

我的基本資源盤點

收入可能來源	金額	開源方式	資金健全狀態	支出可能去向	金額	節流方式
總收入				總支出		

職場核心能力

在職場，不同位置面對的挑戰與該具備的能力：

	管理協調整合力	企劃簡報執行力	社交溝通應對力	思考學習進化力
管人　是別人的主管				
管人、事　是別人的同事				
管事　是別人的部屬				

上班族

範例圖

職場核心能力進修（A先生）

向度	管理協調整合力	企劃簡報執行力	社交溝通應對力	思考學習進化力
核心學習內容	領導技巧 引導技巧 團隊凝聚技巧 演講技巧 教導技巧 當責執行力	專案管理 簡報技巧 企劃書寫 問題分析	溝通技巧 表達技巧 社交基本禮儀 跨部門協商技巧 談判技巧	快速擷取重點 快速閱讀 思考方式 清晰思考與分析
適用學習方式	參與活動 企業內訓	個人進修	日常練習	日常練習 自我閱讀
需要加強之處	要經常跟現在的老闆討教	多多觀看TED影片	利用每週一次參加外部活動增廣見聞	參加商戰直播讀書會
應用機會	公司的 out site meeting好好表現	半年或季報的檢討會上爭取報告的機會	參加憲福育創活動每次至少要多認識兩位陌生朋友	多在網路上跟憲哥提問學習

職場核心能力進修

向度	管理協調 整合力	企劃簡報 執行力	社交溝通 應對力	思考學習 進化力
核心 學習 內容				
適用 學習 方式				
需要 加強 之處				
應用 機會				

範例圖　　　職場必修課（A先生）

重要

跨部門協商技巧
問題分析力
工作教導技巧
商戰直播讀書會

簡報技巧
演講技巧
團隊帶領技巧
清晰思考與分析

想要　　　　　職場
必修課　　　　需要

談判技巧
當責執行力

企劃能力
溝通技巧
團隊引導技巧

次要

職場必修課

重要

想要　　　　　職場
　　　　　　　必修課　　　　　需要

次要

「需要與重要」
學習地圖規劃（A先生）

項目	演講技巧	簡報技巧	團隊帶領技巧	清晰思考與分析	商戰直播讀書會
目標	上台講完10分鐘有料內容	月或季報上讓老闆叫好	團隊績效與共識凝聚要比去年更進步	當問題產生時，不會手忙腳亂	至少參加三分之一的場次
核心學習	說出影響力	上台的技術	員工向心力要比去年更好	理解思考的障礙	跟憲哥學習清晰講完一本書
閱讀	說出影響力	千萬講師的50堂說話課	團隊從傳球開始	思考的藝術行為的藝術	行銷4.0
參加社團	鐵憲福粉	鐵憲福粉			商戰直播讀書會
進修	說出影響力	專業簡報力	出色溝通力		購買商戰直播會員

「需要與重要」學習地圖規劃

實作圖

項目				
目標				
核心學習				
閱讀				
參加社團				
進修				

憲哥推薦的學習地圖

項目	演講技巧	英文進修
目標	可以在100人面前 侃侃而談2小時	可以用英文做 自我介紹7分鐘
核心學習	眾人面前講話的勇氣 可以講兩小時的題材 擁有在100人面前演講的 機會	跟老外對談自由自在
閱讀	說出影響力	行動的力量
參加社團	中華民國國際演講協會（Toastmasters Club）	
進修	說出影響力	實體或線上英語課程 國外進修

簡報技巧	理財規劃	向上溝通
讓老闆大聲叫好	透過投資股票 賺得第一桶金	對上人際關係無障礙
投影片簡報架構	清楚判別股票好壞	與老闆、同事輕鬆有效 溝通
上台的技術 千萬講師的50堂說話課	不懂財報，也能輕鬆選 出賺錢績優股	職場最重要的小事 人生沒有平衡， 只有取捨
鐵憲福粉	超級數字力課後同學會	出色溝通力
專業簡報力	超級數字力	辦公室向上管理

人生的重要占比（A先生）

學習 10%	事業 30%
心靈 5%	財務 10%
家庭 15%	人際 10%
健康 10%	休閒 10%

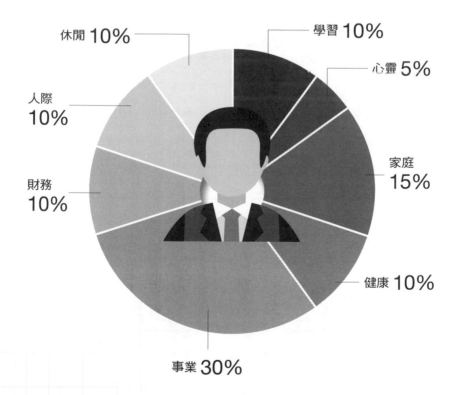

人生的重要占比

學習	事業
心靈	財務
家庭	人際
健康	休閒

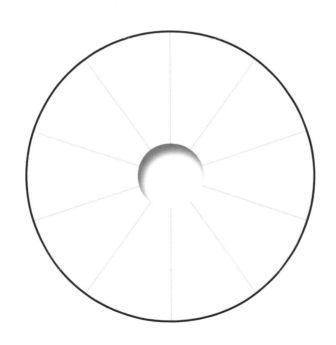

範例圖

對你而言，什麼是真正重要的？
（A先生）

事業	晉升	外派	帶人
財務	存款	貸款借得到錢	看懂財務報表
人際	好朋友	同事之間不要講八卦	跟好朋友去國外旅行
休閒	自行車	參加車隊活動	挑戰高難度
健康	健檢越少紅字越好	減重與運動	參加馬拉松賽事
家庭	孩子老婆都身體健康	全家的旅行	孩子的活動要參加
心靈	平靜	閱讀	不要受外界干擾保持選擇的權利
學習	每年至少參加兩個學習課程	學演講與簡報	練習分享學習心得

對你而言，什麼是真正重要的？

實作圖

事業			
財務			
人際			
休閒			
健康			
家庭			
心靈			
學習			

範例圖	經過取捨的十年計劃（調整版）（A先生）				
	第1年	**第2年**	**第3年**	**第4年**	**第5年**
西元	2018	2019	2020	2021	2022
年齡	31	32	33	34	35
想要達成的目標	學習必要與需要技能	結婚	存款至少要有一百萬	買車	生第一胎
條件資格	注意HR的開課資訊	與女友的交往要穩步前進	自己要節省一點，不要亂花錢	代步工具是為了讓老婆安心與方便	家庭為重，要成為老婆的依靠
重新思考	學習比金錢重要，至少一樣重要	不要忽略她的感受	不必要的活動盡量不要參加	希望用時間換取金錢，車就變得很重要	孩子出生前的心理建設要與老婆有共識

第6年	第7年	第8年	第9年	第10年
2023	2024	2025	2026	2027
36	37	38	39	40
買房	晉升帶人主管	KPI要達成，展現團隊能量	希望爭取出差機會	晉升中階主管
事先收集訊息找好房仲	爭取表現機會	降低離職率，付出多點關懷給員工	我們公司在歐洲的據點希望能親臨體會	為自己的職涯創造更多可能
寧可找邊緣一點的房子，給家人穩定感	提前向主管表達意願，改掉自己畏畏縮縮的毛病	投入工作，爭取表現責無旁貸；希望得到老婆支持	提前培養自己的外語能力，多與國外同事交流	如果沒有機會往上升，會考慮創業

實作圖 經過取捨的十年計劃（調整版）

	第1年	第2年	第3年	第4年	第5年
西元					
年齡					
想要達成的目標					
條件資格					
重新思考					

第6年	第7年	第8年	第9年	第10年

範例圖

一個月一本書 跟隨憲哥的讀書會	與好友出國旅行	歐洲出差 與家人的旅行
跟車隊的夥伴與好友要常聯繫，半年聚會一次	**職人人生** **學習地圖** **（擴展視野）** **（A先生）**	挑戰自己以前 無法通過的 體能考驗
個人臉書不要太多人，希望能多多分享旅遊與閱讀心得	多向可能晉升中階主管的內部同事學習	多與老婆談心 與部屬交心

閱讀	體驗	旅行
參與	職人人生 學習地圖 （　　　）	冒險
分享	競爭	交談

人生就像換房子

接受馬來西亞當地電台專訪，節目名稱是「關鍵決策人」，整段訪談圍繞著人生的決策模式。主持人一面問，我也一面思考，來自台灣的我，面對人生所有決策的關鍵是什麼？有什麼能與當地聽眾分享？

我舉了一個我換房子的故事。

孩子都大了，房子不用越換越大，應該越換越好，這是我的第一個思考邏輯，就像事業不需越做越大，但要越來越好。

人生就像換房子，換一間房子，換一套沙發，這是我的第二個邏輯，就像沙發要配合裝潢、屋齡，取捨要配合能力、年紀一樣。

房子可以住，旅館可以住，再亂如狗窩都可以住，豪宅也可以住，房子要滿足住的功能，重點是人生要進階，關鍵的取捨就影響了決定。

捨掉三年舊沙發，雖然堪用，但面對新房子的裝潢與整體規劃，再能用，好像都要捨去。

捨不得就像舊沙發，三年前你根本不知道會買新房子，就像三年前，你根本無法預料，你會走到這裡。

人生就像換房子，換房子，就要換沙發；換位置，就要換腦袋。

「人生沒有平衡，只有取捨」，否則會不三不四、不倫不類。

換一次房子，懂好多事。

公傷假的驚嚇與體悟

　　幾位合作夥伴都知道我最近的狀況，除了身體的痛楚以外，還有令人吃不消的密集課程。

　　這令我想起過去12年來的公傷歷史，我再次強調：「講師不是累死，就是餓死，沒有第三種」，並且「沒有平衡，只有取捨」。

　　聽不懂的，無法理解的，仍抱有憧憬的，都還算是門外漢。

2006/07 專職出道

2006/08 蘇州受傷，輪椅返台，隔天士林電機找人代班

2007/10 上海受傷，輪椅返台，隔天拐杖，特力屋一戰成名

2014/12 深圳受傷，繼續連趕兩地六場，淚灑秦皇島

2016/06 可惡病毒侵襲，隔天課程緊急喊卡

2017/11 可惡病毒再次來襲，首日上到10:30撐不下去，急赴急診，後面還連撐三天。

　　夠了，到此為止吧，我只想要吃得下、睡得著、尿得出來，這麼簡單的需求罷了。

　　其實我已經夠小心了，危險活動我幾乎都不參與，像兄弟們的三鐵環島掛，我都敬謝不敏，沒感冒，沒腹瀉，想避的都避掉了，沒料到的都來了。

　　這一次多謝朋友大力幫忙，尤其謝謝我的助理跟曹醫師協助，希望自己能夠健健康康，活蹦亂跳，業界再度走跳二十年。

　　祝福大家：「日日平安，天天好心情。」

人脈經營靠名片？

整理名片，是相當費神的一件事。

因為以前從事業務工作的關係，只要是名片一定得好好整理，深怕漏掉哪個機會，忘了哪個人的名字、職銜、公司。

日子一久，就是這個「深怕……」的顧慮，讓名片越積越多，不少信義房屋時期的名片，尤其是1999年去北京、上海演講那九天，換了我一輩子演講場合最多張的名片。如今，全部清空了。

看著一張張的名片，就像一張張的臉孔，深怕忘記，但一個也記不得，這是現實，更是無奈。

你想記住他，卻一個也記不住；希望他不要忘了你，其實留名片也沒用。

怕忘了電話號碼，留了也不會打；希望有E-mail未來可以聯繫，其實社群網路已取代這一切。

二十年，多少人已經換了好幾輪工作，知道的人不需要名片；不知道的人，發個信看看是否會被退回。

38盒、11大本名片，只能有緣再相見了。

認識的，不用名片；

不熟的，不會去記；

不認識的，給了五張也記不得；

大腦有限，不記名片；空間有限，不留名片。

結論：

1. 沒這麼多事可以聯絡，真要聯絡，大都沒好事。

2. 真要記得住，常常見個面。

3. 空洞的人脈經營，實在的真實體驗。